하노이탑
퍼즐

Contents

안쌤의 사고력 수학 퍼즐 **하노이탑 퍼즐**

부록

※ 길이 비교하기(103쪽)와 자(105쪽)를 학습에 활용해 보세요.

Unit 01

비교하기

| 측정 |

하노이탑 원판을 살펴본 후 비교해 봐요!

01 비교하는 단어 | 측정 |

다음에 주어진 각각의 상황에 적절한 비교하는 단어를 <보기>에서 골라 빈칸에 써넣어 보세요.

보기					
길다	높다	작다	넓다	적다	무겁다
좁다	많다	가볍다	크다	짧다	낮다

개수 비교　　　　　　　　　**길이 비교**

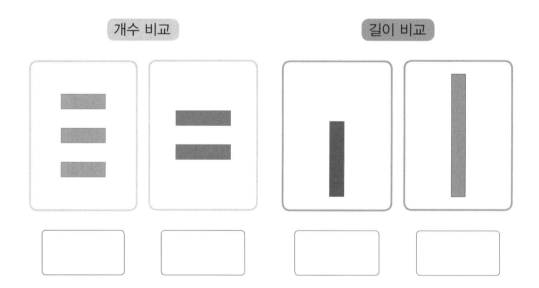

둘 또는 그 이상의 사물이나 현상을 견주어 서로 간의
유사점, 공통점, 차이점을 밝히는 것을 비교라고 해요.

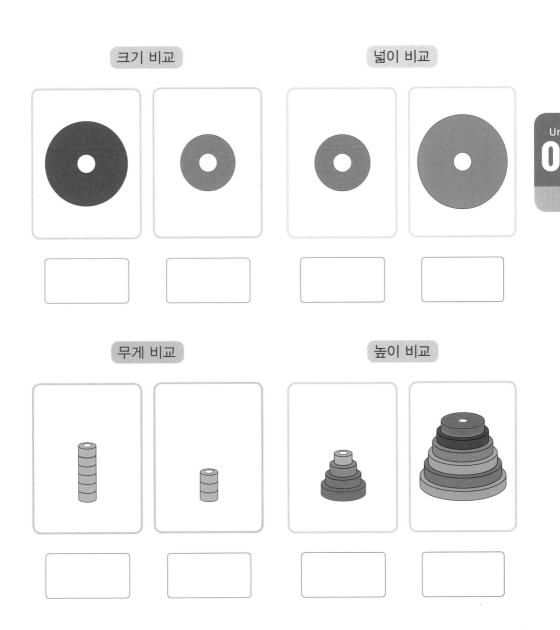

크기 비교

넓이 비교

Unit
01

무게 비교

높이 비교

02 길이 비교하기 | 측정 |

막대의 길이를 비교해 보고, 길이가 긴 것부터 순서대로 빈칸에 기호를 써넣어 보세요.

※ 부록 길이 비교하기(103쪽)를 학습에 활용해 보세요.

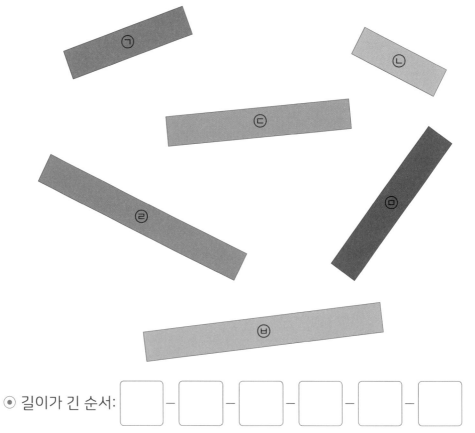

⊙ 길이가 긴 순서: ☐ – ☐ – ☐ – ☐ – ☐ – ☐

→ 길이를 비교할 때는 (한쪽 끝 , 양쪽 끝)의 시작점을 맞추어 비교합니다.

다음 <설명>을 보고, 빈칸에 알맞은 기호를 써넣어 보세요.

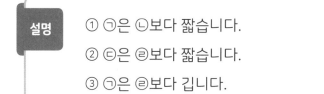

설명
① ㉠은 ㉡보다 짧습니다.
② ㉢은 ㉣보다 짧습니다.
③ ㉠은 ㉣보다 깁니다.

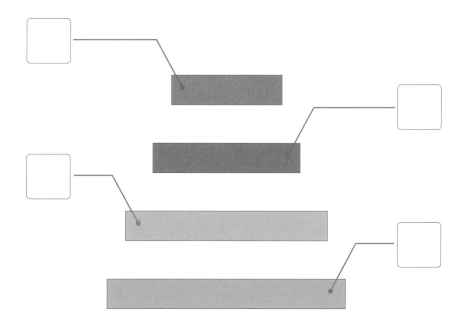

정답 ▶ 86쪽

03 무게 비교하기 | 측정 |

원판의 무게를 비교해 보고, 빈칸에 알맞은 색을 써넣어 보세요.

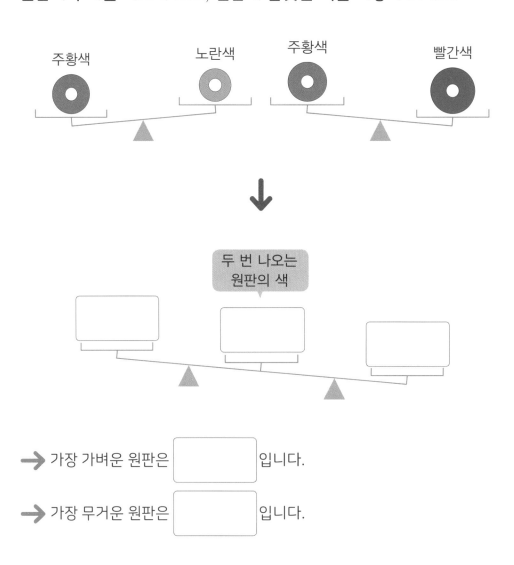

→ 가장 가벼운 원판은 [   ] 입니다.

→ 가장 무거운 원판은 [   ] 입니다.

⊙ 무게가 가벼운 원판의 순서

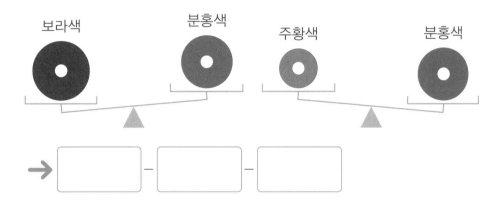

보라색   분홍색   주황색   분홍색

→ [   ] - [   ] - [   ]

⊙ 무게가 무거운 원판의 순서

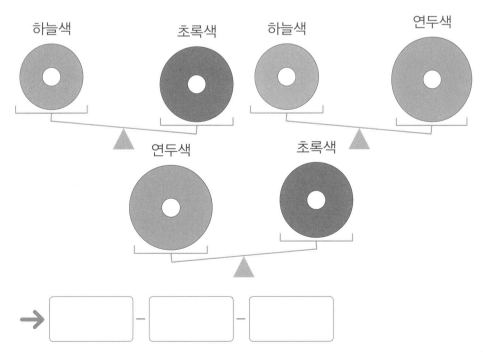

하늘색   초록색   하늘색   연두색

연두색   초록색

→ [   ] - [   ] - [   ]

정답 ▶ 87쪽

놓인 순서 비교하기 | 측정 |

크기가 다른 원판을 서로 겹쳐 놓았습니다. 가장 위에 있는 원판부터
순서대로 빈칸에 번호(1, 2, 3, …)를 써넣어 보세요.

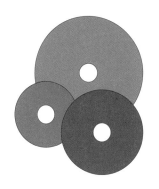

	1	

크기가 다른 원판을 서로 겹쳐 놓았습니다. 가장 아래에 있는 원판부터
순서대로 빈칸에 번호(1, 2, 3, …)를 써넣어 보세요.

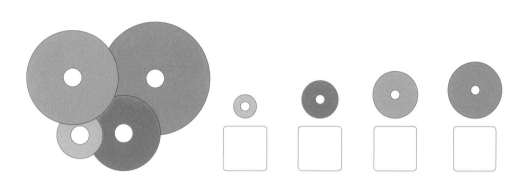

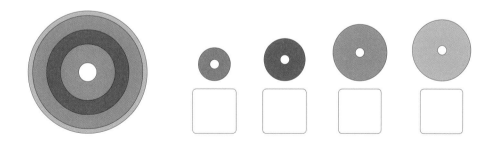

정답 ❯ 87쪽

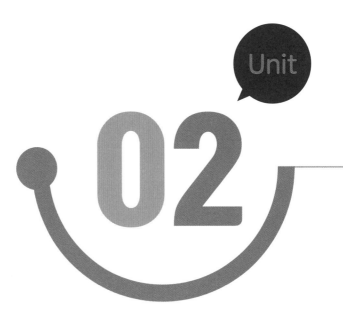

원판의 크기와 길이

| 측정 |

하노이탑 원판의 크기와 길이를 알아봐요!

Unit 02 **01** 원판의 크기

Unit 02 **02** 크기대로 놓기

Unit 02 **03** 길이 재기

Unit 02 **04** 길이 어림하기

원판의 크기 | 측정 |

⬤ 보다 작은 ◯ 모양을 그려 보세요.

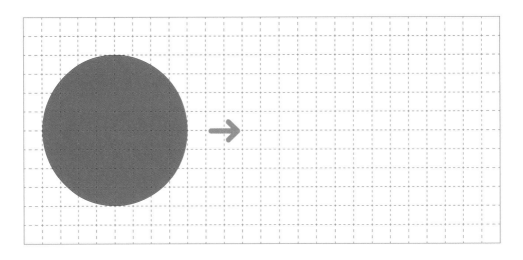

⬤ 보다 큰 ◯ 모양을 그려 보세요.

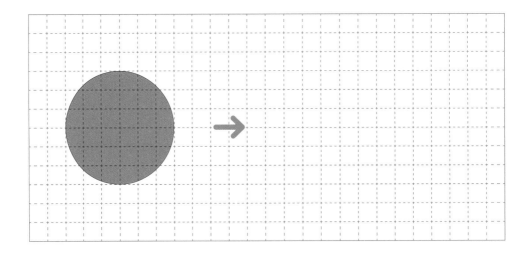

가장 작은 것부터 순서대로 빈칸에 ①에서 ⑨까지의 번호를 써넣어 하
노이탑 원판의 번호를 붙여 보세요.

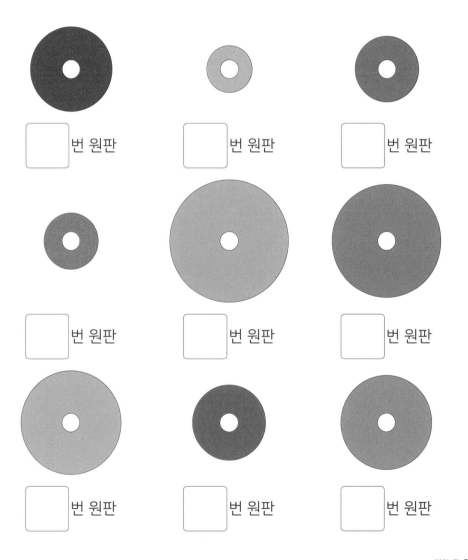

크기대로 놓기 | 측정 |

다음 <보기>와 같이 주어진 원판을 크기에 따라 부등호 >, <가 성립하도록 놓으려고 합니다. 빈칸에 알맞은 원판의 번호(①, ②, ③, …)를 써넣어 보세요.

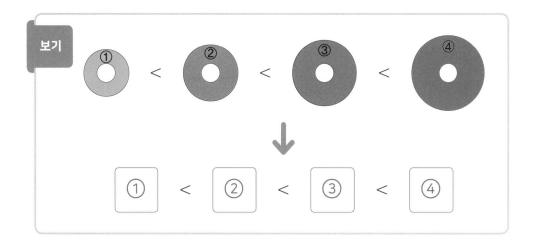

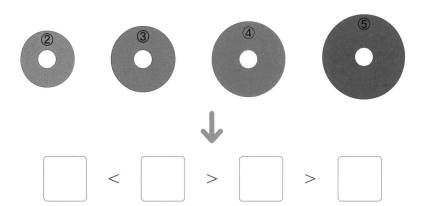

안쌤 Tip

두 수의 크기의 대소 관계를 나타내는 부등호 기호 '>' 과 '<' 는
터진 쪽이 크고 뾰족한 쪽이 작다는 것을 나타내요.

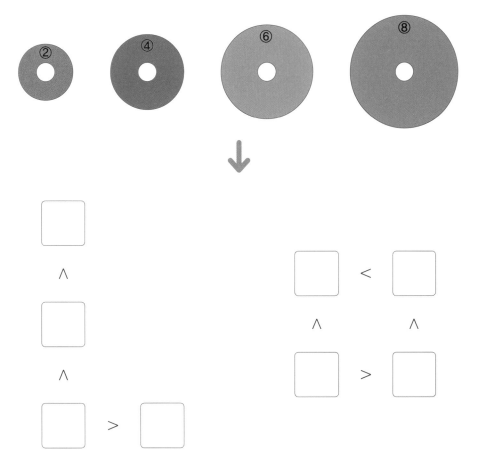

Unit
02

정답 ▶ 88쪽

03 길이 재기 | 측정 |

모눈종이 1칸의 가로의 길이와 세로의 길이는 모두 5 mm입니다. ①번 원판부터 ④번 원판까지 표시한 부분의 길이를 구해 빈칸에 써넣어 보세요.

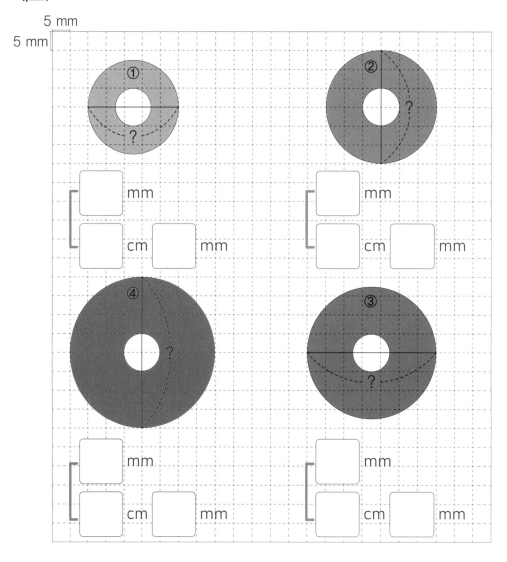

1 mm는 1 cm를 10칸으로 똑같이 나누었을 때 작은 눈금
한 칸의 길이를 나타내요. 1 cm는 10 mm와 같아요.

⑤번 원판부터 ⑦번 원판까지 표시한 부분의 길이를 자를 이용하여
재어 보세요.

※ 부록 자(105쪽)를 학습에 활용해 보세요.

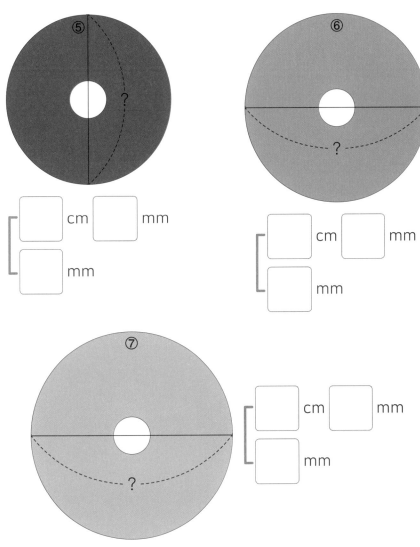

04 길이 어림하기 | 측정 |

하노이탑 원판을 다음과 같이 쌓았습니다. 그림에 제시된 길이를 이용하여 ⑧번 원판과 ⑨번 원판에 표시한 부분의 길이를 어림하고, 자를 이용하여 정확한 길이를 재어 보세요.

※ 부록 자(105쪽)를 학습에 활용해 보세요.

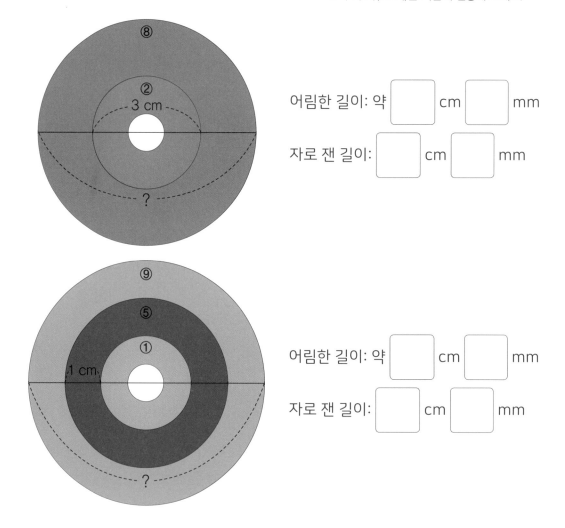

어림한 길이: 약 ☐ cm ☐ mm

자로 잰 길이: ☐ cm ☐ mm

어림한 길이: 약 ☐ cm ☐ mm

자로 잰 길이: ☐ cm ☐ mm

대강 짐작으로 가늠하는 것을 어림이라고 해요.

주어진 선의 길이를 어림한 후 ②번 원판과 ③번 원판을 겹치지 않게
이어 붙여 길이를 재어 보았습니다.

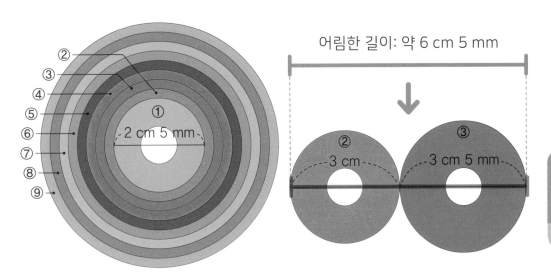

어림한 길이: 약 6 cm 5 mm

위와 같은 방법으로 아래 주어진 선의 길이를 어림하고, 하노이탑 원판
3개를 이어 붙여 길이를 재려고 합니다. 어림한 길이와 어림한 길이를
잴 수 있는 원판의 번호를 빈칸에 써넣어 보세요.

어림한 길이: 약 ☐ cm ☐ mm

→ 어림한 길이를 잴 수 있는 원판의 번호: ☐ , ☐ , ☐

정답 ▶ 89쪽

하노이탑 규칙

| 규칙성 |

하노이탑 **규칙**을 알아봐요!

하노이탑 규칙 | 규칙성 |

하노이탑 받침대에는 기둥이 3개 있습니다. 왼쪽 기둥부터 순서대로 빈칸에 기호(㉠, ㉡, ㉢)를 써넣어 각 기둥의 이름을 붙여 보세요.

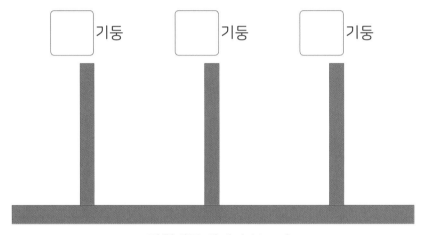

▲ 받침대를 앞에서 본 모습

하노이탑 원판을 다음과 같이 쌓았습니다. 이를 통해 원판에 대해 알 수 있는 점을 설명해 보세요.

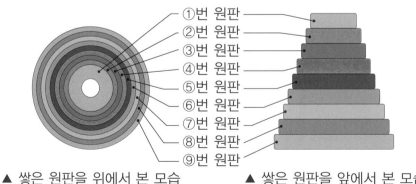

| ①번 원판
| ②번 원판
| ③번 원판
| ④번 원판
| ⑤번 원판
| ⑥번 원판
| ⑦번 원판
| ⑧번 원판
| ⑨번 원판

▲ 쌓은 원판을 위에서 본 모습   ▲ 쌓은 원판을 앞에서 본 모습

이 책에서는 하노이탑 받침대의 기둥을 왼쪽부터 순서대로
㉠ 기둥, ㉡ 기둥, ㉢ 기둥이라고 해요.

하노이탑의 한 기둥에 크기 순서대로 놓여 있는 원판을 다른 기둥으로
처음과 똑같은 순서로 놓이도록 옮길 때, 다음 <규칙>을 따라야 합니다.

규칙

① 한 번에 1개의 원판만 옮길 수 있습니다.

② 작은 원판은 큰 원판 위에 올려놓을 수 있습니다.

③ 큰 원판은 작은 원판 위에 올려놓을 수 없습니다.

④ 원판을 옮기는 횟수가 최소가 되도록 원판을 옮깁니다.

위의 <규칙>에 맞게 옮긴 것을 모두 골라 ○표 해 보세요.

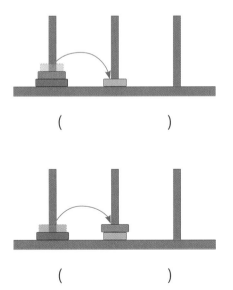

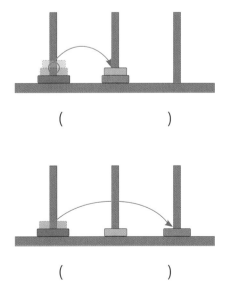

정답 ▷▷ 90쪽

원판 1개 옮기기 | 규칙성 |

<규칙>에 따라 원판 1개를 옮기려고 합니다. 옮겨진 모양을 그림으로 그린 후 최소 이동 횟수를 구하고, 기호로 나타내어 보세요.

◉ ㉠ 기둥에 있는 ①번 원판을 ㉡ 기둥으로 옮겨 보세요.

→ 최소 이동 횟수: [1] 회

→ 기호로 나타내기: (①번: ㉠→㉡)

◉ ㉠ 기둥에 있는 ②번 원판을 ㉢ 기둥으로 옮겨 보세요.

→ 최소 이동 횟수: [　] 회

→ 기호로 나타내기: (　번: ㉠→㉢)

이 책에서는 (①번: ㉠→㉡)을 '①번 원판을 ㉠ 기둥에서 ㉡ 기둥으로 옮기는 것' 으로 약속해요.

◉ ㉡ 기둥에 있는 ①번 원판을 ㉠ 기둥으로 옮겨 보세요.

①번
원판

→ 최소 이동 횟수: ☐ 회

→ 기호로 나타내기: (☐ 번: ☐ → ☐)

◉ ㉢ 기둥에 있는 ②번 원판을 ㉡ 기둥으로 옮겨 보세요.

②번
원판

→ 최소 이동 횟수: ☐ 회

→ 기호로 나타내기: (☐ 번: ☐ → ☐)

정답 ≫ 90쪽

원판 2개 옮기기 | 규칙성 |

<규칙>에 따라 ㉠ 기둥의 원판 2개를 ㉢ 기둥으로 옮기려고 합니다.

3회만에 원판을 옮길 수 있는 방법을 순서대로 나타내어 보세요.

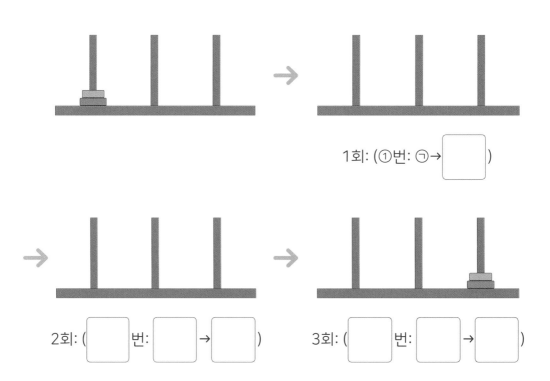

1회: (①번: ㉠→ ⬜)

2회: (⬜ 번: ⬜ → ⬜)

3회: (⬜ 번: ⬜ → ⬜)

<규칙>에 따라 ⓒ 기둥의 원판 2개를 ⓒ 기둥으로 옮기려고 합니다. 원판을 옮기는 순서를 기호로 나타내고, 최소 이동 횟수를 구해 보세요.

◉ 1회: (①번: [   ] → [   ])

→ 최소 이동 횟수: [   ] 회

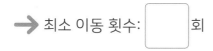 ㉠ 기둥에 있는 원판 2개와 ⓒ 기둥에 있는 원판 2개를 각각 ⓒ 기둥으로 옮길 때 공통점을 찾아보세요.

정답 ▶ 91쪽

원판 2개 위치 바꾸기 | 규칙성 |

<규칙>에 따라 ㉠ 기둥에 있는 ①번 원판과 ㉢ 기둥에 있는 ②번 원판의 위치를 서로 바꾸려고 합니다. ①번 원판을 가장 먼저 옮겨 위치를 바꾸는 방법을 기호로 나타내고, 최소 이동 횟수를 구해 보세요.

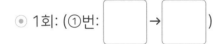

⊙ 1회: (①번: ☐ → ☐)

→ 최소 이동 횟수: ☐ 회

위의 문제를 ②번 원판을 가장 먼저 옮기는 방법으로 해결해 보세요.

<규칙>에 따라 ⓛ 기둥에 있는 ③번 원판과 ⓒ 기둥에 있는 ⑤번 원판의 위치를 서로 바꾸려고 합니다. 원판의 위치를 바꾸는 방법 2가지를 모두 기호로 나타내고, 최소 이동 횟수를 구해 보세요.

◉ 방법 1:

◉ 방법 2:

→ 최소 이동 횟수: ☐ 회

정답 ≫ 91쪽

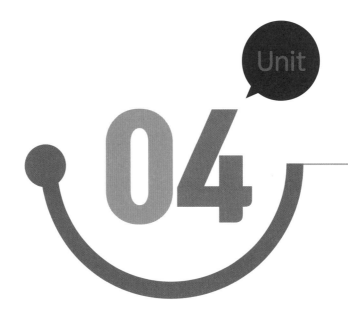

Unit

04

원판 옮기기 ①

| 규칙성 |

하노이탑 **규칙**에 따라 원판을 옮겨 봐요!

Unit 04

01 원판 3개 옮기기 ① | 규칙성 |

다음과 같이 놓여 있는 원판 3개를 <규칙>에 따라 © 기둥으로 옮기는 과정의 일부를 나타낸 것입니다. 빈칸에 알맞은 말을 써넣어 보세요.

⊙ © 기둥에 놓아야 하는 원판의 순서는

[ ] 번 원판 - [ ] 번 원판 - [ ] 번 원판입니다.

⊙ 원판을 옮길 때, 처음 1, 2회에서

- 1회에는 [ ] 기둥에 있는 [ ] 번 원판을 [ ] 기둥으로

옮겨야 합니다.

- 2회에는 [ ] 기둥에 있는 [ ] 번 원판을 [ ] 기둥으로

옮겨야 합니다.

⋮

◉ 원판 3개를 © 기둥으로 옮기는 순서를 나타내고, 최소 이동 횟수를 구해 보
  세요. (단, 최소 이동 횟수로 옮기고 남는 칸은 비워둡니다.)

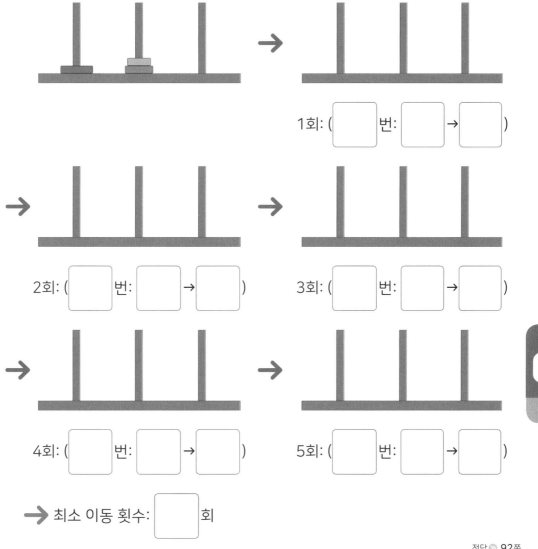

1회: (⬜ 번: ⬜ → ⬜)

2회: (⬜ 번: ⬜ → ⬜)

3회: (⬜ 번: ⬜ → ⬜)

4회: (⬜ 번: ⬜ → ⬜)

5회: (⬜ 번: ⬜ → ⬜)

➔ 최소 이동 횟수: ⬜ 회

정답 ▷ 92쪽

Unit 04

02 원판 3개 옮기기 ② | 규칙성 |

다음과 같이 놓여 있는 원판 3개를 <규칙>에 따라 ⓒ 기둥으로 옮기려고 합니다. 원판을 옮기는 순서를 기호로 나타내고, 최소 이동 횟수를 구해 보세요.

◉ 1회: (□번: □ → □)

→ 최소 이동 횟수: □ 회

다음과 같이 놓여 있는 원판 3개를 <규칙>에 따라 ⓒ 기둥으로 옮기려고 합니다. 원판을 옮기는 순서를 기호로 나타내고, 최소 이동 횟수를 구해 보세요.

⊙ 1회: (①번: [ ] → [ ])

→ 최소 이동 횟수: [ ]회

정답 ≫ 92쪽

03 원판 3개 옮기기 ③ | 규칙성 |

다음과 같이 놓여 있는 원판 3개를 <규칙>에 따라 ⓒ 기둥으로 옮기려고 합니다. 원판을 옮기는 순서를 기호로 나타내고, 최소 이동 횟수를 구해 보세요.

⊙ 1회: (☐번: ☐ → ☐)

→ 최소 이동 횟수: ☐ 회

다음과 같이 놓여 있는 원판 3개를 <규칙>에 따라 ⓒ 기둥으로 옮기려고 합니다. 원판을 옮기는 순서를 기호로 나타내고, 최소 이동 횟수를 구해 보세요.

⊙ 1회: ([ ]번: [ ] → [ ])

→ 최소 이동 횟수: [ ]회

정답 ▶ 93쪽

원판 3개 옮기기 ④ | 규칙성 |

다음과 같이 놓여 있는 원판 3개를 <규칙>에 따라 ⓒ 기둥으로 옮기려고 합니다. 1회에 옮기는 원판이 다를 때, 원판을 옮기는 순서를 기호로 나타내고, 각각의 최소 이동 횟수를 구해 보세요.

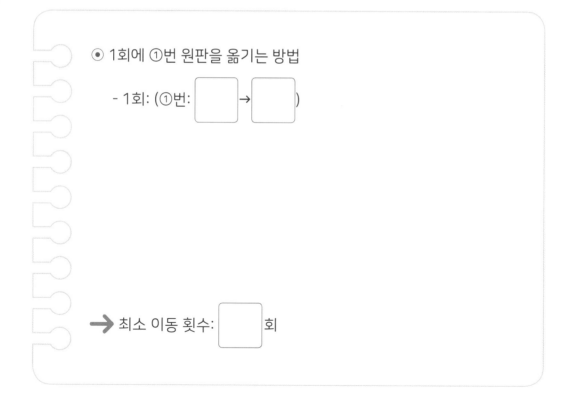

⊙ 1회에 ①번 원판을 옮기는 방법

- 1회: (①번: ☐ → ☐)

➡ 최소 이동 횟수: ☐ 회

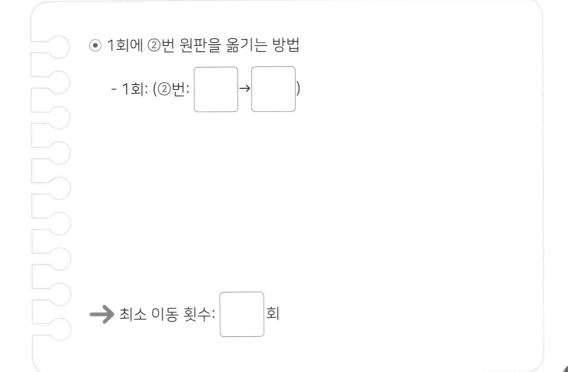

⊙ 1회에 ②번 원판을 옮기는 방법

- 1회: (②번: ☐ → ☐)

➡ 최소 이동 횟수: ☐ 회

(?) 42쪽에 놓여있는 원판 3개를 <규칙>에 따라 ⓒ 기둥으로 옮길 때 최소 이동 횟수로 옮기려면 어떤 원판을 가장 먼저 옮겨야 하는지 설명해 보세요.

정답 ➢ 93쪽

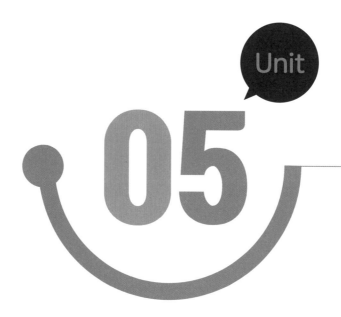

원

| 도형 |

하노이탑 원판으로 원을 그려봐요!

01 원의 성질 | 도형 |

원의 중심, 반지름, 지름에 대해 알아보세요.

원의 지름

원의 중심

원의 반지름

◉ 한 원에서 원의 중심은 [ ]개입니다.

◉ 원의 중심과 원 위의 한 점을 이은 선분을 원의 [ ]이라고 합니다.

◉ 원 위의 서로 다른 두 점을 이은 선분 중에서 원의 중심을 지나는 선분을 원의 [ ]이라고 합니다.

◉ 한 원에서 원의 지름은 무수히 [ ] 그을 수 있습니다.

◉ 한 원에서 원의 지름의 길이는 모두 (같습니다, 다릅니다).

④번 원판의 둘레를 따라 원을 그렸습니다. 물음에 답하세요.

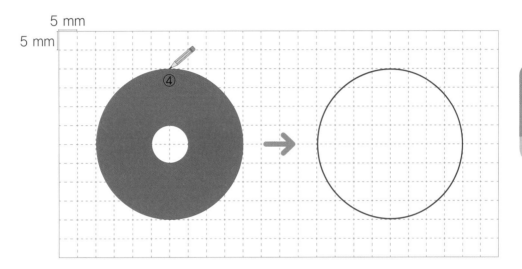

◉ 위의 오른쪽 원에 원의 중심을 찾아 표시해 보세요.

◉ 위의 오른쪽 원에 원의 반지름을 긋고, 그 길이를 재어 보세요.

◉ 위의 오른쪽 원에 원의 지름을 긋고, 그 길이를 재어 보세요.

? 원의 지름과 반지름 사이의 관계를 설명해 보세요.

02 길이 구하기 ① | 도형 |

⑥번 원판의 둘레를 따라 큰 원과 작은 원을 그렸습니다. 물음에 답하세요.

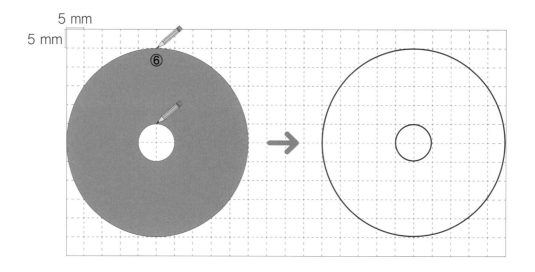

◉ 위의 오른쪽 큰 원과 작은 원에 원의 중심을 찾아 표시해 보세요.

◉ 위의 오른쪽 큰 원과 작은 원의 지름의 길이를 각각 구해 보세요.

◉ 위의 오른쪽 큰 원과 작은 원 사이에 두 원과 원의 중심이 같고 지름이 다른 원을 1개 그려 보세요.

→ 내가 그린 원의 지름: ☐ cm

안쌤 Tip

지름은 원 안에 그을 수 있는 선분 중 길이가 가장 길어요.

◉ ⑥번 원판 안의 선분 ㄱㄴ의 길이는 5 cm입니다. 48쪽의 큰 원과 작은 원의 지름의 길이를 이용하여 선분 ㄱㄷ의 길이를 구해 보세요.

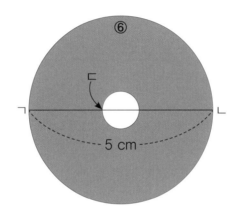

◉ 선분 ㄱㄴ은 48쪽에서 그린 큰 원의 [ ]과 같습니다.

◉ (선분 ㄱㄷ의 길이)=(큰 원의 [ ])−(작은 원의 [ ])

= [ ] cm [ ] mm − [ ] mm

→ 선분 ㄱㄷ의 길이: [ ] cm

정답 ≫ 94쪽

03 길이 구하기 ② | 도형 |

④번 원판과 ⑧번 원판의 둘레를 따라 크기가 다른 원 2개를 맞닿게 그린 후 각 원의 중심을 표시했습니다. 선분 ㄱㄴ의 길이를 구해 보세요.

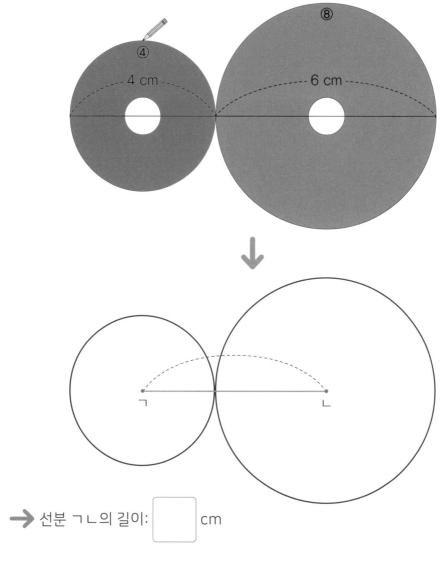

→ 선분 ㄱㄴ의 길이: ☐ cm

10 mm는 1 cm이므로 5 mm는 0.5 cm예요.

다음과 같은 방법으로 ②번 원판의 둘레를 따라 원 3개를 겹쳐 그렸습니다. 선분 ㄱㄴ의 길이를 구해 보세요.

정답 ➡ 95쪽

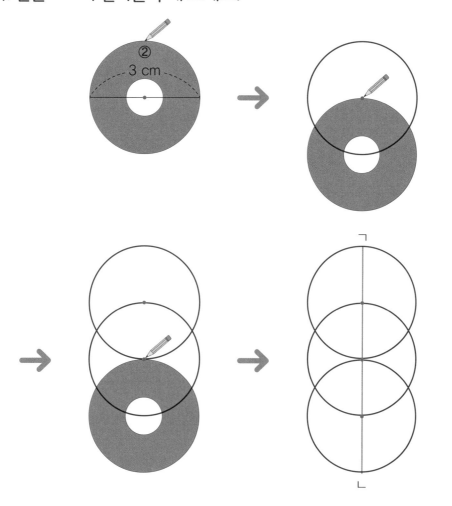

➡ 선분 ㄱㄴ의 길이: ☐ cm

04 길이 구하기 ③ | 도형 |

①번 원판부터 ⑨번 원판까지 9개의 원판 중 1개를 이용하여 크기가 같은 원 4개를 다음과 같은 모양으로 그렸습니다. 사각형 ㄱㄴㄷㄹ의 네 변의 길이의 합이 20 cm일 때, 이용한 원판의 반지름의 길이를 구해 보세요.

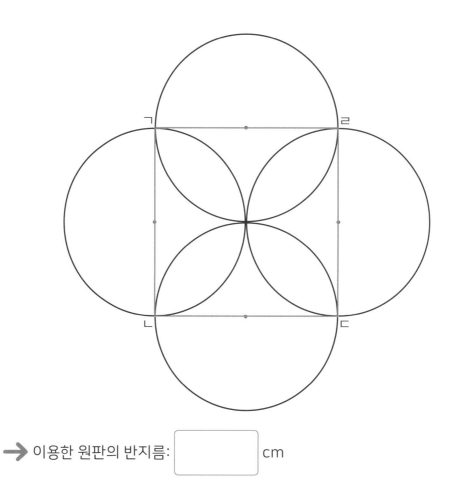

➜ 이용한 원판의 반지름: ☐ cm

①번 원판과 ②번 원판의 둘레를 따라 크기가 다른 두 가지 종류의 원 6개를 맞닿게 그린 후 각 원의 중심을 이어 사각형을 그렸습니다. 이 사각형의 네 변의 길이의 합을 구해 보세요.

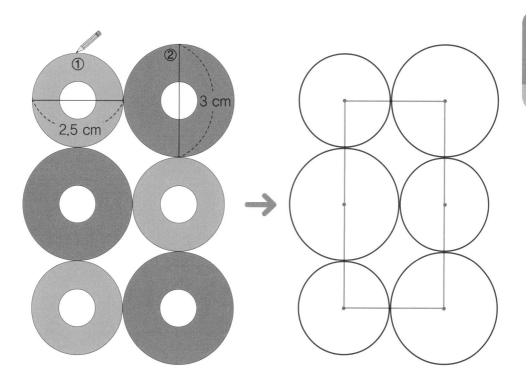

→ 사각형의 네 변의 길이의 합: ☐ cm

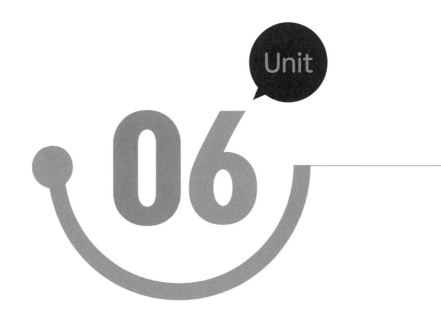

Unit

06

원판 옮기기 ②

| 규칙성 |

하노이탑 **규칙**에 따라 원판을 옮겨 봐요!

원판 3개 위치 바꾸기 | 규칙성 |

<규칙>에 따라 ㉠ 기둥에 있는 ①번, ②번 원판과 ㉢ 기둥에 있는 ③번 원판의 위치를 서로 바꾸려고 합니다. 1회에 옮기는 원판을 다르게 하여 원판을 옮기는 순서를 기호로 나타내고, 각각의 최소 이동 횟수를 구해 보세요.

● 1회에 ③번 원판을 옮기는 방법

- 1회: (③번: ☐ → ☐)

➜ 최소 이동 횟수: ☐ 회

◉ 1회에 ①번 원판을 옮기는 방법

- 1회: (①번: )

➡ 최소 이동 횟수: ☐ 회

(?) 56쪽에 놓여있는 원판 3개를 <규칙>에 따라 위치를 서로 바꿀 때 최소 이동 횟수로 옮기려면 어떤 원판을 가장 먼저 옮겨야 하는지 설명해 보세요.

정답 ➡ 96쪽

원판 3개 옮기기 | 규칙성 |

<규칙>에 따라 ㉠ 기둥의 원판 3개를 ㉢ 기둥으로 옮기려고 합니다. 물음에 답하세요.

◉ 최소 이동 횟수로 원판을 옮기기 위해 ①~③번 원판 중에서 가장 적은 횟수로 옮기는 원판은 무엇일지 예상해 보세요. 또, 이 원판을 옮기는 횟수는 몇 번일지 구해 보세요.

◉ 위에서 찾은 원판은 어떤 기둥에서 어떤 기둥으로 옮겨야 하는지 빈칸에 알맞은 기호를 써넣어 보세요.

→ ★회: (⬚번: ⬚ → ⬚)

◉ <규칙>에 따라 원판을 옮기는 순서를 59쪽에 먼저 나타낸 후, 최소 이동 횟수를 구해 보세요.

→ 최소 이동 횟수: ⬚회

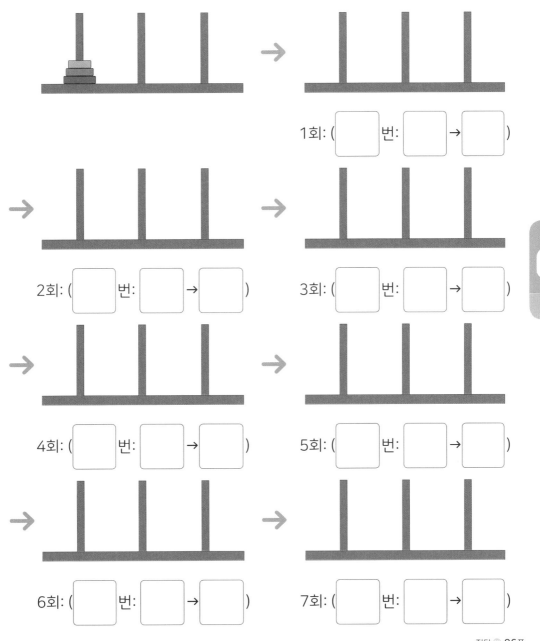

1회: (번: →)

2회: (번: →)

3회: (번: →)

4회: (번: →)

5회: (번: →)

6회: (번: →)

7회: (번: →)

정답 ▶ 96쪽

규칙 찾기 | 규칙성 |

<규칙>에 따라 ㉠ 기둥의 원판 3개를 ㉡ 기둥으로 옮기려고 합니다. 원판을 옮기는 순서를 기호로 나타내고, 최소 이동 횟수를 구해 보세요.

⊙ 1회: ([ ] 번: [ ] → [ ])

→ 최소 이동 횟수: [ ] 회

<규칙>에 따라 ㉠ 기둥의 원판 3개를 ㉡ 기둥과 ㉢ 기둥으로 각각 옮기는 과정의 일부를 나타내어 보세요. 또, 목적 기둥이 서로 다를 때 옮기는 과정을 비교해 보고, 원판을 옮기는 규칙을 찾아보세요.

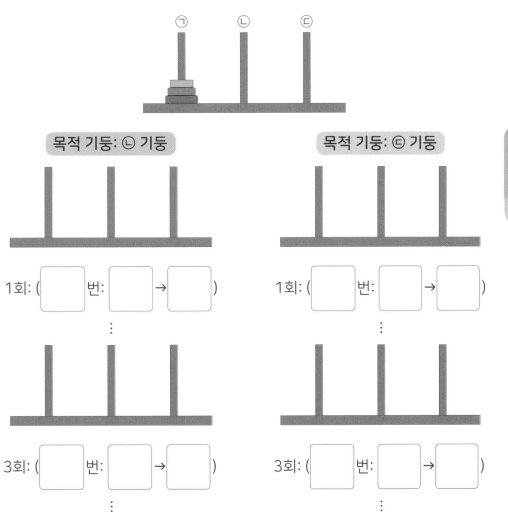

목적 기둥: ㉡ 기둥

1회: (　　번:　　→　　)

⋮

3회: (　　번:　　→　　)

⋮

목적 기둥: ㉢ 기둥

1회: (　　번:　　→　　)

⋮

3회: (　　번:　　→　　)

⋮

Unit
06

식으로 나타내기 | 규칙성 |

<규칙>에 따라 ⓒ 기둥의 원판 2개를 ㉠ 기둥으로 옮기려고 합니다.
최소 이동 횟수를 구하는 식을 세워 최소 이동 횟수를 구해 보세요.

⊙ ⓒ 기둥에 있는 ①번 원판 1개를 ☐ 기둥으로 옮깁니다.

→ 원판을 옮기는 최소 이동 횟수: ☐ 회

⊙ ⓒ 기둥에 있는 ②번 원판 1개를 ☐ 기둥으로 옮깁니다.

→ 원판을 옮기는 최소 이동 횟수: ☐ 회

⊙ ☐ 기둥에 있는 ①번 원판을 ☐ 기둥으로 옮깁니다.

→ 원판을 옮기는 최소 이동 횟수: ☐ 회

→ 최소 이동 횟수: ☐ + ☐ + ☐ = ☐ (회)

<규칙>에 따라 ⓒ 기둥의 원판 3개를 ⊙ 기둥으로 옮기려고 합니다. 최소 이동 횟수를 구하는 식을 세워 최소 이동 횟수를 구해 보세요.

- ⓒ 기둥에 있는 ①, ②번 원판 2개를 ☐ 기둥으로 옮깁니다.

  → 원판을 옮기는 최소 이동 횟수: ☐ 회

- ⓒ 기둥에 있는 ③번 원판 1개를 ☐ 기둥으로 옮깁니다.

  → 원판을 옮기는 최소 이동 횟수: ☐ 회

- ☐ 기둥에 있는 ①, ②번 원판 2개를 ☐ 기둥으로 옮깁니다. → 원판을 옮기는 최소 이동 횟수: ☐ 회

→ 최소 이동 횟수: ☐ + ☐ + ☐ = ☐ (회)

정답 ▶ 97쪽

원판 옮기기 ③

| 규칙성 |

규칙에 따라 **최소 이동 횟수**를 찾아봐요!

원판 4개 옮기기 | 규칙성 |

<규칙>에 따라 ㉠ 기둥의 원판 4개를 ㉢ 기둥으로 옮기는 최소 이동 횟수를 구하려고 합니다. 물음에 답하세요.

⊙ ㉠ 기둥의 ④번 원판을 ㉢ 기둥으로 옮기기 위해 먼저 ①, ②, ③번 원판 3개를 한 기둥으로 옮겨 놓았습니다. 원판 3개를 옮겨 놓은 기둥에 원판을 그려 보세요.

⊙ ㉠ 기둥의 ①, ②, ③번 원판 3개를 위에서 고른 기둥으로 옮기는 최소 이동 횟수를 구해 보세요.

◉ ①, ②, ③번 원판 3개를 66쪽에서 고른 기둥으로 옮긴 후 ㉠ 기둥의 ④번 원판을 ㉢ 기둥으로 옮겨 놓았습니다. 옮겨진 모양을 그림으로 그려 보세요. 또, 옮기는 과정을 기호로 나타낼 때, 빈칸에 알맞은 수를 써넣어 보세요.

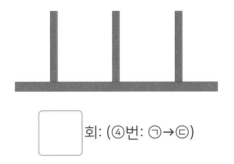

◻️ 회: (④번: ㉠→㉢)

◉ ④번 원판을 ㉢ 기둥으로 옮긴 후, ①, ②, ③번 원판 3개를 ㉢ 기둥으로 옮기는 과정을 기호로 나타내고, 최소 이동 횟수를 구해 보세요.

Unit
07

◉ ㉠ 기둥의 원판 4개를 ㉢ 기둥으로 옮기는 최소 이동 횟수를 구해 보세요.

정답 ❯❯ 98쪽

원판 5개 옮기기 | 규칙성 |

<규칙>에 따라 ㉠ 기둥의 원판 5개를 ㉢ 기둥으로 옮기는 최소 이동 횟수를 구하려고 합니다. 물음에 답하세요.

◉ 원판 5개를 ㉢ 기둥으로 옮기기 위해 먼저 ①, ②, ③, ④번 원판 4개를 ㉡ 기둥으로 옮긴 후, ⑤번 원판을 ㉢ 기둥으로 옮겨 놓습니다. 이때 원판을 옮기는 최소 이동 횟수를 구해 보세요.

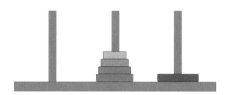

- ①, ②, ③, ④번 원판 4개를 ㉡ 기둥으로 옮기는 최소 이동 횟수: ⬚ 회

- ⑤번 원판 1개를 ㉢ 기둥으로 옮기는 최소 이동 횟수: ⬚ 회

- 위와 같이 옮기는 최소 이동 횟수: ⬚ 회

◉ 68쪽과 같이 옮긴 후, ⓒ 기둥의 ①, ②, ③번 원판 3개를 ㉠ 기둥으로 옮겨 놓습니다. 이때 원판을 옮기는 최소 이동 횟수를 구해 보세요.

◉ 위의 다음 순서에서 ④번 원판을 ⓒ 기둥으로 옮기고, ㉠ 기둥의 ①, ②, ③번 원판 3개를 ⓒ 기둥으로 옮겨 놓습니다. 이때 원판을 옮기는 최소 이동 횟수를 구해 보세요.

- ④번 원판 1개를 ⓒ 기둥으로 옮기는 최소 이동 횟수: ◻ 회

- ①, ②, ③번 원판 3개를 옮기는 최소 이동 횟수: ◻ 회

- 위와 같이 옮기는 최소 이동 횟수: ◻ 회

◉ ㉠ 기둥의 원판 5개를 ⓒ 기둥으로 옮기는 최소 이동 횟수를 구해 보세요.

정답 ▶ 98쪽

Unit
07

03 식으로 나타내기 | 규칙성 |

⊙ 기둥에 원판 1개, 2개, 3개, 4개, 5개가 각각 놓여 있습니다. 이 원판들을 ⓒ 기둥으로 옮기는 최소 이동 횟수를 각각 구하고, 최소 이동 횟수를 구하는 방법을 식으로 나타내어 보세요.

◉ 원판 1개

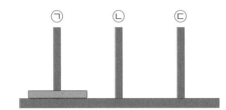

➜ 최소 이동 횟수: ☐ 회

◉ 원판 2개

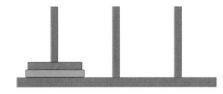

➜ 최소 이동 횟수: ☐ 회

◉ 원판 3개

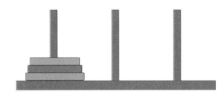

➜ 최소 이동 횟수: ☐ 회

◉ 원판 4개

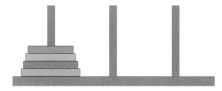

➙ 최소 이동 횟수: ☐ 회

◉ 원판 5개

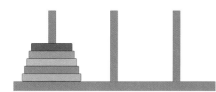

➙ 최소 이동 횟수: ☐ 회

◉ ㉠ 기둥에 있는 원판 ☐개를 모두 ㉢ 기둥으로 옮기는 최소 이동 횟수를 ○회
라고 할 때, ㉠ 기둥에 있는 원판 (☐+1)개를 모두 ㉢ 기둥으로 옮기는 최소
이동 횟수를 구하는 방법을 식으로 나타내어 보세요.

➙ 원판 (☐+1)개를 옮기는 최소 이동 횟수: ☐ + ☐ + ☐ (회)

? ㉠ 기둥에 있는 원판 6개를 모두 ㉢ 기둥으로 옮기는 최소 이동 횟수를
구해 보세요.

정답 ≫ 99쪽

원판 6개 옮기기 | 규칙성 |

다음과 같이 놓여 있는 원판 6개를 <규칙>에 따라 ⓒ 기둥으로 옮기려고 합니다. 원판 4개와 5개를 옮기는 최소 이동 횟수를 이용하여, 원판을 옮기는 최소 이동 횟수를 구해 보세요.

- 6개의 원판을 모두 목적 기둥인 ☐ 기둥으로 옮겨야 합니다.

- 6개의 원판을 모두 옮기기 위해 ⑥번 원판을 ☐ 기둥으로 옮겨야 하므로 ④번 원판을 ☐ 기둥으로 옮겨야 합니다.

- ④번 원판을 ☐ 기둥으로 옮기려면 ①, ②, ③번 원판 3개를 ☐ 기둥으로 옮겨야 합니다. → 최소 이동 횟수: ☐ 회

◉ ④번 원판 1개를 ☐ 기둥으로 옮기고, ①, ②, ③번 원판 3개

를 다시 ☐ 기둥으로 옮깁니다.

→ 최소 이동 횟수: ☐ + ☐ = ☐ (회)

◉ 위의 순서까지 원판을 옮긴 후 그 모양을 아래의 기둥에 그려 보
세요.

◉ ⑥번 원판 1개를 ☐ 기둥으로 옮기고, ①, ②, ③, ④, ⑤번 원판

5개를 ☐ 기둥으로 옮깁니다.

→ 최소 이동 횟수: ☐ + ☐ = ☐ (회)

➜ 위와 같이 옮기는 최소 이동 횟수: ☐ (회)

정답 ≫ 99쪽

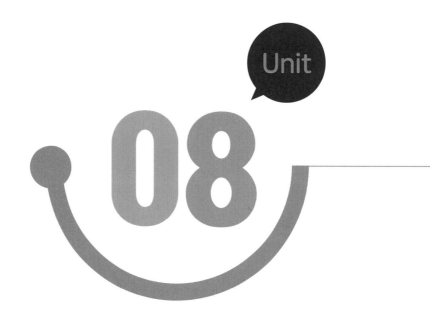

원주와 원주율

| 도형 |

하노이탑 원판을 이용하여 **원주**를 알아봐요!

원주와 원주율 | 도형 |

원주에 대해 알아보세요.

⊙ 그림을 보고 원의 둘레를 가리키는 말을 찾아 써넣어 보세요.

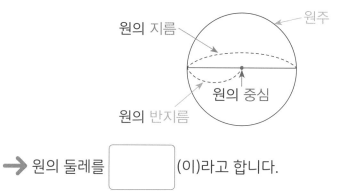

→ 원의 둘레를 [ ](이)라고 합니다.

⊙ 다음 원판을 이용하여 원을 그릴 때 원주가 가장 큰 원을 그릴 수 있는 원판을 찾아보세요.

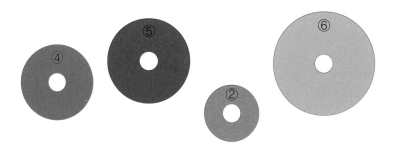

→ 원주가 가장 큰 원을 그릴 수 있는 원판은 [ ]번 원판입니다.

기준량에 대한 비교하는 양의 크기를 비율이라고 해요.
(비율)=(비교하는 양)÷(기준량)

원주율에 대해 알아보세요.

◉ ②, ④, ⑥번 원판의 원주와 지름을 재어 표로 나타내면 다음과 같습니다.
(원주)÷(지름)을 계산하여 표를 완성해 보세요. (단, 계산 결과는 소수 첫째
자리에서 반올림하여 자연수로 나타냅니다.)

구분	원주(cm)	지름(cm)	(원주)÷(지름)
② 원판의 지름	9.3	3	3
④	12.8	4	
⑥	15.5	5	

◉ 위의 계산 결과를 통해 알 수 있는 사실을 설명해 보세요.

→ 원의 크기와 상관없이 (원주)÷(지름)은 ☐ 합니다.

→ 원의 ☐ 에 대한 원주의 크기(비율)를 원주율이라고 합니다.

정답 ▶ 100쪽

원판의 원주 구하기 | 도형 |

원주율을 이용하여 ①, ③, ⑤, ⑦번 원판의 원주 또는 지름을 구해 표를 완성해 보세요. (원주율: 3)

(원주) = (   ) × (   )

구분	원주(cm)	지름(cm)
① 원판의 지름	7.5	
③		3.5
⑤	13.5	
⑦		5.5

⑧, ⑨번 원판을 각각 바닥에 수직으로 세운 채로 앞으로 5바퀴씩 굴렸습니다. 두 원판이 굴러간 거리의 차를 구해 보세요. (원주율: 3)

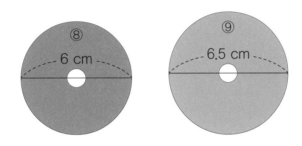

⊙ ⑧번 원판이 1바퀴 굴러간 거리: ☐ cm

⊙ ⑧번 원판이 5바퀴 굴러간 거리: ☐ cm

⊙ ⑨번 원판이 1바퀴 굴러간 거리: ☐ cm

⊙ ⑨번 원판이 5바퀴 굴러간 거리: ☐ cm

→ 두 원판이 굴러간 거리의 차: ☐ cm

정답 ▶ 100쪽

Unit
08

도형의 둘레 구하기 | 도형 |

원판을 이용하여 다음과 같은 도형을 그렸습니다. 색칠한 도형의 둘레의 길이를 구해 보세요. (원주율: 3)

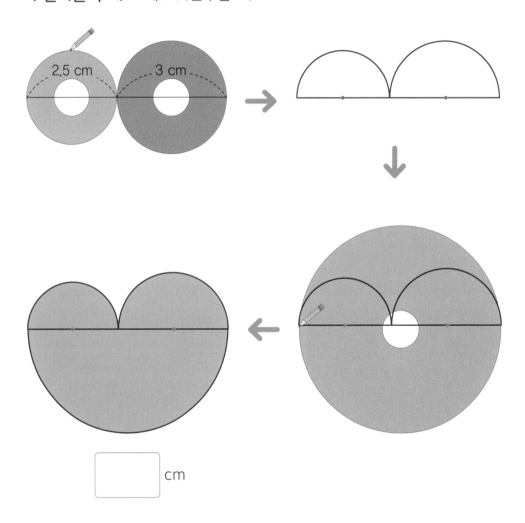

cm

원판을 이용하여 다음과 같은 도형을 그렸습니다. 색칠한 도형의 둘레의 길이를 구해 보세요. (원주율: 3)

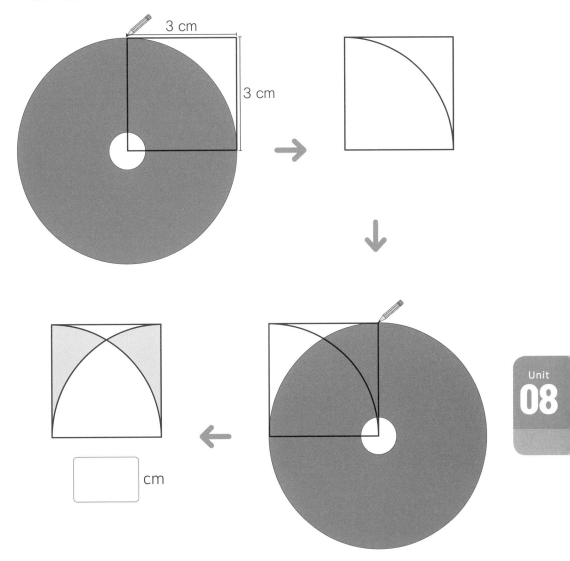

04 테이프의 길이 구하기 | 도형 |

원판을 다음과 같이 겹치지 않게 테이프로 붙였습니다. 사용한 테이프의 길이를 구해 보세요. (원주율: 3)

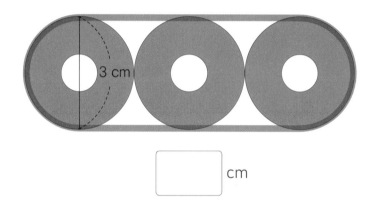

3 cm

[   ] cm

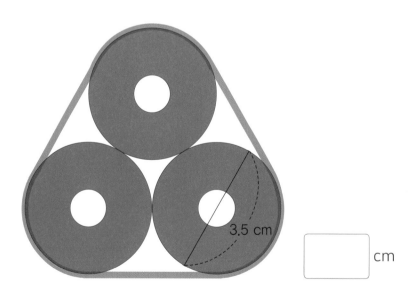

3.5 cm

[   ] cm

원판을 다음과 같이 겹치지 않게 테이프로 붙였습니다. 사용한 테이프의 길이를 구해 보세요. (원주율: 3)

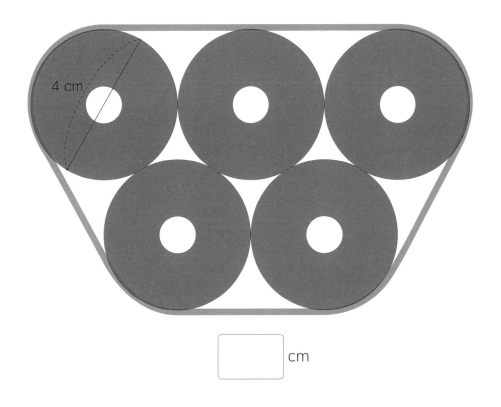

4 cm

[ ] cm

정답 ≫ 101쪽

정답

확인해 볼까요?

Unit 01 비교하기 | 측정 |

06 ~ 07 페이지

Unit 01 01 비교하는 단어 | 측정 |

다음에 주어진 각각의 상황에 적절한 비교하는 단어를 <보기>에서 골라 빈칸에 써넣어 보세요.

보기

길다	높다	작다	넓다	적다	무겁다
좁다	많다	가볍다	크다	짧다	낮다

개수 비교 / 길이 비교

많다 적다 짧다 길다

안쌤 Tip

둘 또는 그 이상의 사물이나 현상을 견주어 서로 간의 유사점, 공통점, 차이점을 밝히는 것을 비교라고 해요.

크기 비교 / 넓이 비교

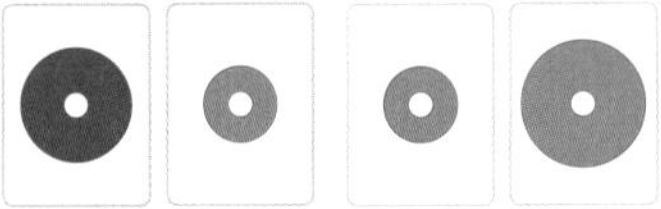

크다 작다 좁다 넓다

무게 비교 / 높이 비교

무겁다 가볍다 낮다 높다

6 하노이탑 퍼즐 | 정답 ○ 86쪽 01 비교하기 7

08 ~ 09 페이지

Unit 01 02 길이 비교하기 | 측정 |

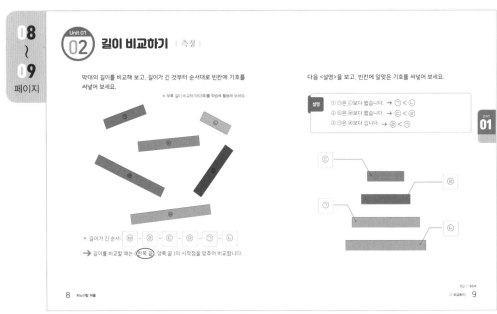

막대의 길이를 비교해 보고, 길이가 긴 것부터 순서대로 빈칸에 기호를 써넣어 보세요.

※ 부록 길이 비교하기(103쪽)를 학습에 활용해 보세요.

• 길이가 긴 순서: ㉥ - ㉣ - ㉢ - ㉤ - ㉠ - ㉡

→ 길이를 비교할 때는 (한쪽 끝, 양쪽 끝)의 시작점을 맞추어 비교합니다.

다음 <설명>을 보고, 빈칸에 알맞은 기호를 써넣어 보세요.

설명

① ㉠은 ㉡보다 짧습니다. → ㉠ < ㉡

② ㉢은 ㉣보다 짧습니다. → ㉢ < ㉣

③ ㉠은 ㉣보다 깁니다. → ㉣ < ㉠

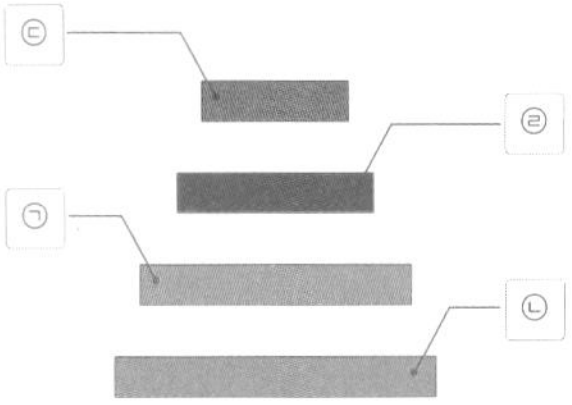

8 하노이탑 퍼즐 | 정답 ○ 86쪽 01 비교하기 9

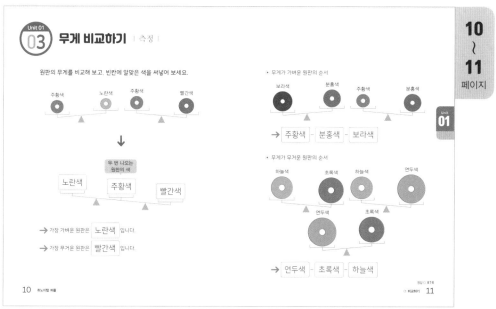

02

원판의 크기와 길이 | 측정 |

16 ~ 17 페이지

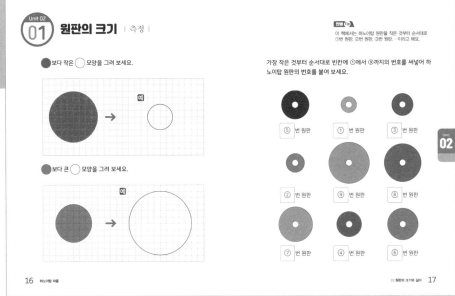

18 ~ 19 페이지

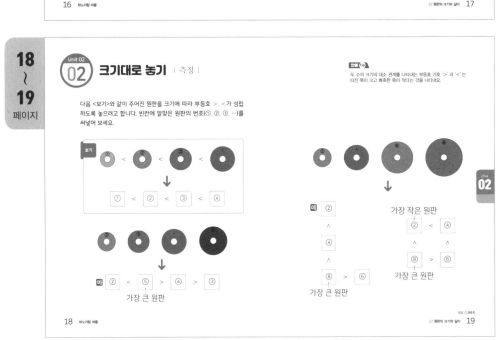

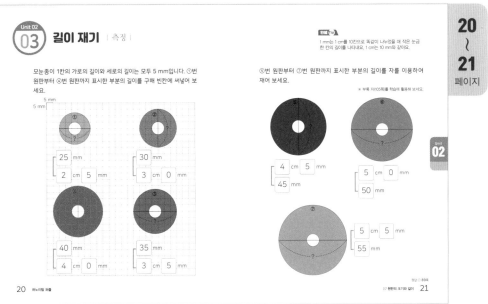

26
~
27
페이지

Unit 03
01 하노이탑 규칙 | 규칙성 |

선생님 Tip
이 책에서는 하노이탑 받침대의 기둥을 왼쪽부터 순서대로
㉠ 기둥, ㉡ 기둥, ㉢ 기둥이라고 해요.

하노이탑 받침대에는 기둥이 3개 있습니다. 왼쪽 기둥부터 순서대로
빈칸에 기호(㉠, ㉡, ㉢)를 써넣어 각 기둥의 이름을 붙여 보세요.

▲ 받침대를 앞에서 본 모습

하노이탑 원판을 다음과 같이 쌓았습니다. 이를 통해 원판에 대해 알
수 있는 점을 설명해 보세요.

①번 원판
②번 원판
③번 원판
④번 원판
⑤번 원판
⑥번 원판
⑦번 원판
⑧번 원판
⑨번 원판

▲ 쌓은 원판을 위에서 본 모습   ▲ 쌓은 원판을 앞에서 본 모습

예 · 원판은 모두 9개입니다.　　　· 원판의 크기가 모두 다릅니다.
· 원판의 색깔이 모두 다릅니다.　· 원판의 두께는 모두 같습니다.

하노이탑의 한 기둥에 크기 순서대로 놓여 있는 원판을 다른 기둥으로
처음과 똑같은 순서로 놓이도록 옮길 때, 다음 <규칙>을 따라야 합니다.

규칙
① 한 번에 1개의 원판만 옮길 수 있습니다.
② 작은 원판은 큰 원판 위에 올려놓을 수 있습니다.
③ 큰 원판은 작은 원판 위에 올려놓을 수 없습니다.
④ 원판을 옮기는 횟수가 최소가 되도록 원판을 옮깁니다.

위의 <규칙>에 맞게 옮긴 것을 모두 골라 ○표 해 보세요.

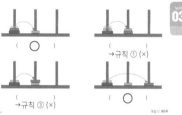

(○)　　　→규칙 ① (×)

→규칙 ③ (×)　　　(○)

정답 ○ 90쪽

26　하노이탑 퍼즐　　　01 하노이탑 규칙　27

28
~
29
페이지

Unit 03
02 원판 1개 옮기기 | 규칙성 |

선생님 Tip
이 책에서는 '③번 ㉠→㉢'을 '①번 원판을 ㉠ 기둥에서
㉢ 기둥으로 옮기는 것'으로 약속해요.

<규칙>에 따라 원판 1개를 옮기려고 합니다. 옮겨진 모양을 그림으로
그린 후 최소 이동 횟수를 구하고, 기호로 나타내어 보세요.

· ㉠ 기둥에 있는 ①번 원판을 ㉢ 기둥으로 옮겨 보세요.

→ 최소 이동 횟수: [1] 회
→ 기호로 나타내기: (①)번: ㉠→㉢

· ㉠ 기둥에 있는 ②번 원판을 ㉢ 기둥으로 옮겨 보세요.

→ 최소 이동 횟수: [1] 회
→ 기호로 나타내기: (②)번: ㉠→㉢

· ㉡ 기둥에 있는 ①번 원판을 ㉠ 기둥으로 옮겨 보세요.

→ 최소 이동 횟수: [1] 회
→ 기호로 나타내기: (①)번: ㉡ → ㉠

· ㉢ 기둥에 있는 ③번 원판을 ㉡ 기둥으로 옮겨 보세요.

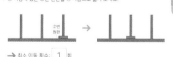

→ 최소 이동 횟수: [1] 회
→ 기호로 나타내기: (②)번: ㉢ → ㉡

정답 ○ 90쪽

28　하노이탑 퍼즐　　　02 하노이탑 규칙　29

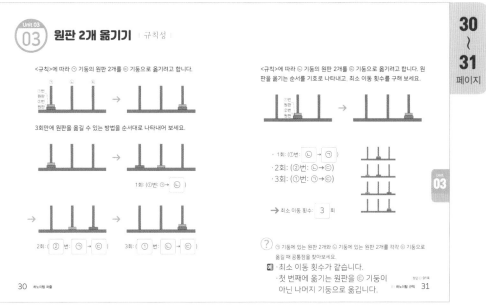

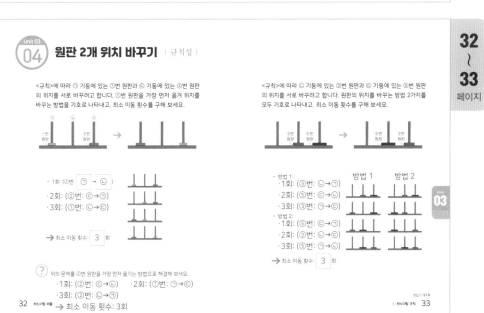

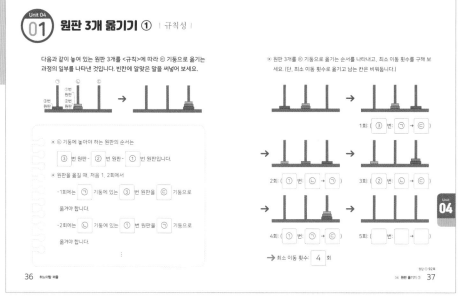

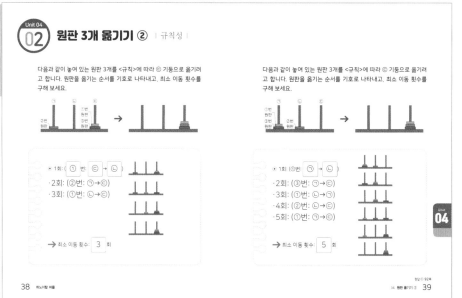

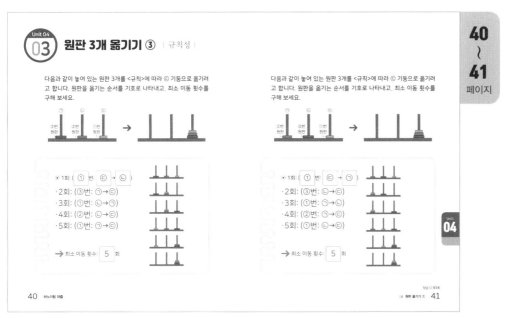

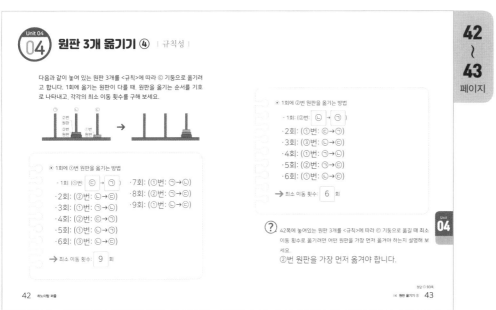

05 원 | 도형 |

46 ~ 47 페이지

Unit 05 01 원의 성질 | 도형 |

원의 중심, 반지름, 지름에 대해 알아보세요.

원의 지름 ─── 원의 중심

원의 반지름

- 한 원에서 원의 중심은 **1** 개입니다.
- 원의 중심과 원 위의 한 점을 이은 선분을 원의 **반지름** 이라고 합니다.
- 원 위의 서로 다른 두 점을 이은 선분 중에서 원의 중심을 지나는 선분을 원의 **지름** 이라고 합니다.
- 한 원에서 원의 지름은 무수히 **많이** 그을 수 있습니다.
- 한 원에서 원의 지름의 길이는 모두 ((같습니다) , 다릅니다).

46 하노이탑 퍼즐

만렙Tip
원판의 둘레를 따라 원을 그리면 원판과 크기가 같은 원을 그릴 수 있어요.

④번 원판의 둘레를 따라 원을 그렸습니다. 물음에 답하세요.

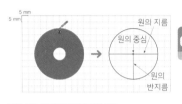

원의 지름

원의 중심

원의 반지름

- 위의 오른쪽 원에 원의 중심을 찾아 표시해 보세요.
  원의 중심: 위의 그림 참조
- 위의 오른쪽 원에 원의 반지름을 긋고, 그 길이를 재어 보세요.
  반지름: 위의 그림 참조, 반지름: 2 cm(20 mm)
- 위의 오른쪽 원에 원의 지름을 긋고, 그 길이를 재어 보세요.
  지름: 위의 그림 참조, 지름: 4 cm(40 mm)

(?) 원의 지름과 반지름 사이의 관계를 설명해 보세요.
  한 원에서 지름은 반지름의 2배입니다.

정답 ⊙ 94쪽
◎ 원 **47**

48 ~ 49 페이지

Unit 05 02 길이 구하기 ① | 도형 |

⑥번 원판의 둘레를 따라 큰 원과 작은 원을 그렸습니다. 물음에 답하세요.

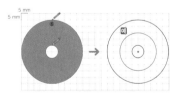

- 위의 오른쪽 큰 원과 작은 원에 원의 중심을 찾아 표시해 보세요.
  원의 중심: 위의 그림 참조
- 위의 오른쪽 큰 원과 작은 원의 지름의 길이를 각각 구해 보세요.
  큰 원의 지름: 5 cm(50 mm), 작은 원의 지름: 1 cm(10 mm)
- 위의 오른쪽 큰 원과 작은 원 사이에 두 원과 원의 중심이 같고 지름이 다른 원을 1개 그려 보세요.
  → 내가 그린 원의 지름: **3** cm 원의 그림: 위의 그림 참조

48 하노이탑 퍼즐

만렙Tip
지름은 원 안에 그을 수 있는 선분 중 길이가 가장 길어요.

- ⑥번 원판 안의 선분 ㄱㄴ의 길이는 5 cm입니다. 48쪽의 큰 원과 작은 원의 지름의 길이를 이용하여 선분 ㄱㄷ의 길이를 구해 보세요.

5 cm

- 선분 ㄱㄴ은 48쪽에서 그린 큰 원의 **지름** 과 같습니다.
- (선분 ㄱㄷ의 길이)=(큰 원의 **반지름**)−(작은 원의 **반지름**)
  = **2** cm **5** mm − **5** mm
- → 선분 ㄱㄷ의 길이: **2** cm

정답 ⊙ 94쪽
◎ 원 **49**

Unit 05 03 길이 구하기 ② | 도형 |

안내 10
10 mm는 1 cm이므로 5 mm는 0.5 cm에요.

④번 원판과 ⑥번 원판의 둘레를 따라 크기가 다른 원 2개를 맞닿게 그린 후 각 원의 중심을 표시했습니다. 선분 ㄱㄴ의 길이를 구해 보세요.

다음과 같은 방법으로 ②번 원판의 둘레를 따라 원 3개를 겹쳐 그렸습니다. 선분 ㄱㄴ의 길이를 구해 보세요.

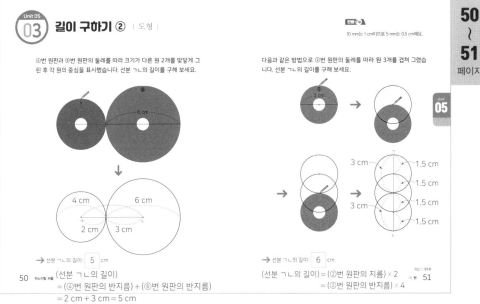

→ 선분 ㄱㄴ의 길이: 5 cm

(선분 ㄱㄴ의 길이)
= (④번 원판의 반지름) + (⑥번 원판의 반지름)
= 2 cm + 3 cm = 5 cm

→ 선분 ㄱㄴ의 길이: 6 cm

(선분 ㄱㄴ의 길이) = (②번 원판의 지름) × 2
= (②번 원판의 반지름) × 4

정답 ○ 95쪽
05 원 51

50 하노이탑 퍼즐

Unit 05 04 길이 구하기 ③ | 도형 |

①번 원판부터 ⑨번 원판까지 9개의 원판 중 1개를 이용하여 크기가 같은 원 4개를 다음과 같은 모양으로 그렸습니다. 사각형 ㄱㄴㄷㄹ의 네 변의 길이의 합이 20 cm일 때, 이용한 원판의 반지름의 길이를 구해 보세요.

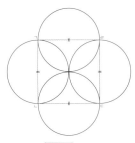

→ 이용한 원판의 반지름: 2.5 cm

· (이용한 원판의 지름) = (사각형의 한 변의 길이)
· (사각형 한 변의 길이) = 20 ÷ 4 = 5 (cm)
· (이용한 원판의 반지름) = 5 ÷ 2 = 2.5 (cm)

①번 원판과 ②번 원판의 둘레를 따라 크기가 다른 두 가지 종류의 원 6개를 맞닿게 그린 후 원의 중심을 이어 사각형을 그렸습니다. 이 사각형의 네 변의 길이의 합을 구해 보세요.

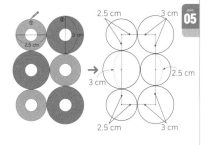

→ 사각형의 네 변의 길이의 합: 16.5 cm

2.5 × 3 + 3 × 3 = 16.5 (cm)

정답 ○ 95쪽
05 원 53

52 하노이탑 퍼즐

원판 옮기기 ② | 규칙성 |

56 ~ 57 페이지

Unit 06 01 원판 3개 위치 바꾸기 | 규칙성 |

<규칙>에 따라 ⊙ 기둥에 있는 ①번, ②번 원판과 ⓒ 기둥에 있는 ③번 원판의 위치를 서로 바꾸려고 합니다. 1회에 옮기는 원판을 다르게 하여 원판을 옮기는 순서를 기호로 나타내고, 각각의 최소 이동 횟수를 구해 보세요.

①번 원판 ②번 원판 ③번 원판

- 1회에 ③번 원판을 옮기는 방법
  - 1회: (③번: ⓒ → ⓛ)
- 2회: (①번: ⊙→ⓒ)
- 3회: (②번: ⊙→ⓛ)
- 4회: (①번: ⓛ→ⓒ)
- 5회: (③번: ⓛ→⊙)

→ 최소 이동 횟수: 5 회

⊙→ⓛ으로 하면 ②번 원판을 옮길 수 없습니다.

- 1회에 ①번 원판을 옮기는 방법
  - 1회: (①번: ⊙ → ⓒ)
- 2회: (③번: ⊙→ⓛ)
- 3회: (①번: ⓒ→ⓛ)
- 4회: (②번: ⊙→ⓒ)
- 5회: (①번: ⓛ→⊙)
- 6회: (②번: ⓛ→ⓒ)
- 7회: (①번: ⊙→ⓒ)

→ 최소 이동 횟수: 7 회

? 56쪽에 놓여있는 원판 3개를 <규칙>에 따라 위치를 서로 바꿀 때 최소 이동 횟수로 옮기려면 어떤 원판을 가장 먼저 옮겨야 하는지 설명해 보세요.

③번 원판을 가장 먼저 옮겨야 합니다.

56 하노이탑 퍼즐 / 정답 ⊙ 96쪽 / 06. 원판 옮기기 ② 57

---

58 ~ 59 페이지

Unit 06 02 원판 3개 옮기기 | 규칙성 |

<규칙>에 따라 ⊙ 기둥의 원판 3개를 ⓒ 기둥으로 옮기려고 합니다. 물음에 답하세요.

①번 원판 ②번 원판 ③번 원판

- 최소 이동 횟수로 원판을 옮기기 위해 ①~③번 원판 중에서 가장 적은 횟수로 옮기는 원판은 무엇일지 예상해 보세요. 또, 이 원판을 옮기는 횟수는 몇 번일지 구해 보세요.

③번 원판, 1번

- 위에서 찾은 원판은 어떤 기둥에서 어떤 기둥으로 옮겨야 하는지 빈칸에 알맞은 기호를 써넣어 보세요.

→ ★회: (③)번: (⊙) → (ⓒ)

③번 원판을 ⊙ 기둥에서 ⓒ 기둥으로 1번에 옮길 수 있는 방법을 찾아야 합니다.

- <규칙>에 따라 원판을 옮기는 순서를 59쪽에 먼저 나타낸 후, 최소 이동 횟수를 구해 보세요.

→ 최소 이동 횟수: 7 회

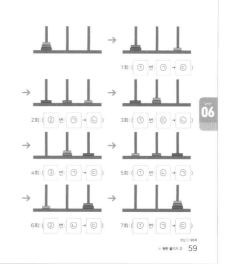

1회: (①)번: (⊙) → (ⓒ)

2회: (②)번: (⊙) → (ⓛ)

3회: (①)번: (ⓒ) → (ⓛ)

4회: (③)번: (⊙) → (ⓒ)

5회: (①)번: (ⓛ) → (⊙)

6회: (②)번: (ⓛ) → (ⓒ)

7회: (①)번: (⊙) → (ⓒ)

58 하노이탑 퍼즐 / 정답 ⊙ 96쪽 / 06. 원판 옮기기 ② 59

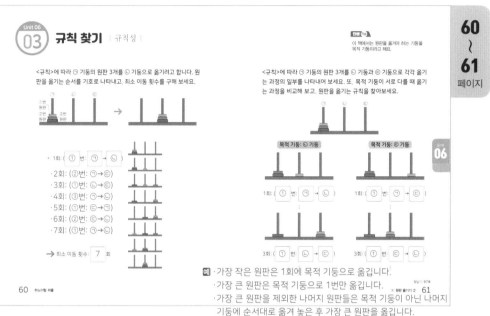

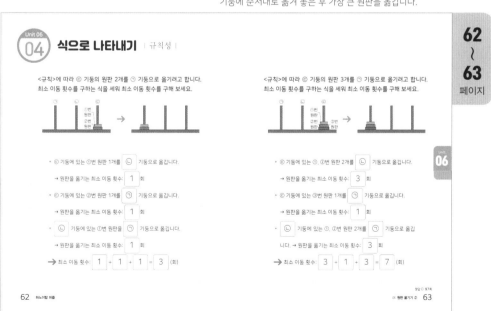

07 Unit

원판 옮기기 ③ | 규칙성 |

66 ~ 67 페이지

01 원판 4개 옮기기 | 규칙성 |

Unit 07

<규칙>에 따라 ㉠ 기둥의 원판 4개를 ㉢ 기둥으로 옮기는 최소 이동 횟수를 구하려고 합니다. 물음에 답하세요.

● ㉠ 기둥의 ④번 원판을 ㉢ 기둥으로 옮기기 위해 먼저 ①, ②, ③번 원판 3개를 한 기둥으로 옮겨 놓았습니다. 원판 3개를 옮겨 놓은 기둥에 원판을 그려 보세요.

㉢ 기둥이 목적 기둥이므로 원판 3개는 목적 기둥이 아닌 ㉡ 기둥으로 순서대로 옮겨야 합니다.

● ㉠ 기둥의 ①, ②, ③번 원판 3개를 위에서 고른 기둥으로 옮기는 최소 이동 횟수를 구해 보세요.
7회
· 1회: (①번: ㉠→㉡)   · 4회: (③번: ㉠→㉡)
· 2회: (②번: ㉠→㉢)   · 5회: (①번: ㉢→㉡)
· 3회: (①번: ㉡→㉢)   · 6회: (②번: ㉢→㉡)
· 7회: (①번: ㉠→㉡)

66 하노이탑 퍼즐

● ①, ②, ③번 원판 3개를 66쪽에서 고른 기둥으로 옮긴 후 ㉠ 기둥의 ④번 원판을 ㉢ 기둥으로 옮겨 놓습니다. 옮겨진 모양을 그림으로 그려 보세요. 또, 옮기는 과정을 기호로 나타낼 때, 빈칸에 알맞은 수를 써넣어 보세요.

8 회: (④번: ㉠→㉢)

● ④번 원판을 ㉢ 기둥으로 옮긴 후, ①, ②, ③번 원판 3개를 ㉢ 기둥으로 옮기는 과정을 기호로 나타내고, 최소 이동 횟수를 구해 보세요.
· 1회: (①번: ㉡→㉢)   · 5회: (①번: ㉠→㉢)
· 2회: (②번: ㉡→㉠)   · 6회: (②번: ㉡→㉢)
· 3회: (①번: ㉢→㉠)   · 7회: (①번: ㉡→㉢)
· 4회: (③번: ㉡→㉢)   → 최소 이동 횟수: 7회

● ㉠ 기둥의 원판 4개를 ㉢ 기둥으로 옮기는 최소 이동 횟수를 구해 보세요.
7 + 1 + 7 = 15 (회)

정답 ○ 98쪽
원판 옮기기 ③ 67

---

68 ~ 69 페이지

02 원판 5개 옮기기 | 규칙성 |

Unit 07

<규칙>에 따라 ㉠ 기둥의 원판 5개를 ㉢ 기둥으로 옮기는 최소 이동 횟수를 구하려고 합니다. 물음에 답하세요.

● 원판 5개를 ㉢ 기둥으로 옮기기 위해 먼저 ①, ②, ③, ④번 원판 4개를 ㉡ 기둥으로 옮긴 후, ⑤번 원판을 ㉢ 기둥으로 옮겨 놓습니다. 이때 원판을 옮기는 최소 이동 횟수를 구해 보세요.

- ①, ②, ③, ④번 원판 4개를 ㉡ 기둥으로 옮기는 최소 이동 횟수: 15 회

- ⑤번 원판 1개를 ㉢ 기둥으로 옮기는 최소 이동 횟수: 1 회

- 위와 같이 옮기는 최소 이동 횟수: 16 회

68 하노이탑 퍼즐

● 68쪽과 같이 옮긴 후, ㉡ 기둥의 ①, ②, ③번 원판 3개를 ㉠ 기둥으로 옮겨 놓습니다. 이때 원판을 옮기는 최소 이동 횟수를 구해 보세요.

→ 최소 이동 횟수: 7회

● 위의 다음 순서에서 ⑤번 원판을 ㉢ 기둥으로 옮기고, ㉠ 기둥의 ①, ②, ③번 원판 3개를 ㉢ 기둥으로 옮겨 놓습니다. 이때 원판을 옮기는 최소 이동 횟수를 구해 보세요.

- ④번 원판 1개를 ㉢ 기둥으로 옮기는 최소 이동 횟수: 1 회

- ①, ②, ③번 원판 3개를 ㉢ 기둥으로 옮기는 최소 이동 횟수: 7 회

- 위와 같이 옮기는 최소 이동 횟수: 8 회

● ㉠ 기둥의 원판 5개를 ㉢ 기둥으로 옮기는 최소 이동 횟수를 구해 보세요.
16 + 7 + 8 = 31 (회)

정답 ○ 98쪽
원판 옮기기 ③ 69

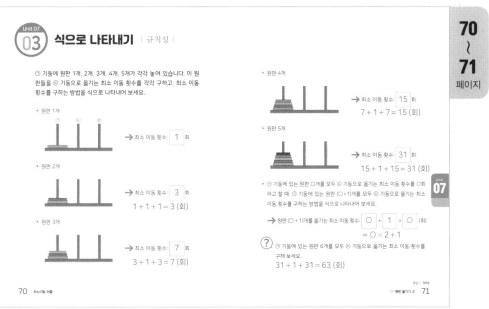

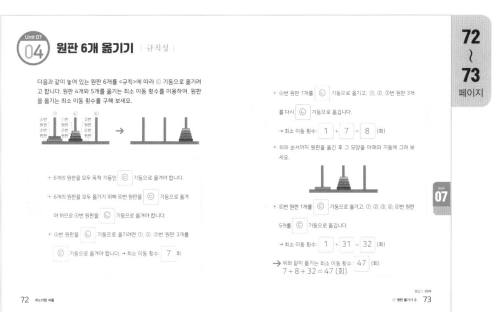

08 Unit

원주와 원주율 | 도형 |

Unit 08 01 원주와 원주율 | 도형 |

원주에 대해 알아보세요.

• 그림을 보고 원의 둘레를 가리키는 말을 찾아 써넣어 보세요.

원의 지름 · 원주
원의 중심
원의 반지름

→ 원의 둘레를 **원주** (이)라고 합니다.

• 다음 원판을 이용하여 원을 그릴 때 원주가 가장 큰 원을 그릴 수 있는 원판을 찾아보세요.

→ 원주가 가장 큰 원을 그릴 수 있는 원판은 **⑥** 번 원판입니다.

개념톡 톡 기준량에 대한 비교하는 양의 크기를 비율이라고 해요.
(비율)=(비교하는 양)÷(기준량)

원주율에 대해 알아보세요.

• ②, ④, ⑥번 원판의 원주와 지름을 재어 표로 나타내면 다음과 같습니다.
(원주)÷(지름)을 계산하여 표를 완성해 보세요. (단, 계산 결과는 소수 첫째 자리에서 반올림하여 자연수로 나타냅니다.)

구분	원주(cm)	지름(cm)	(원주)÷(지름)
② 원판의 지름	9.3	3	3/3 → 3 3.1 → 3
④	12.8	4	3.2 → 3
⑥	15.5	5	3.1 → 3

• 위의 계산 결과를 통해 알 수 있는 사실을 설명해 보세요.

→ 원의 크기와 상관없이 (원주)÷(지름)은 **일정** 합니다.

→ 원의 **지름** 에 대한 원주의 크기(비율)를 원주율이라고 합니다.

정답 ○ 100쪽

76 하노이탑 퍼즐

08 원주와 원주율 77

Unit 08 02 원판의 원주 구하기 | 도형 |

원주율을 이용하여 ①, ③, ⑤, ⑦번 원판의 원주 또는 지름을 구해 표를 완성해 보세요. (원주율: 3)

(원주)=(원주율)× **(지름)** → (원주율)=(원주)÷(지름)

구분	원주(cm)	지름(cm)
① 원판의 지름	7.5	2.5 → 7.5÷3
③	10.5 → 3.5×3	3.5
⑤	13.5	4.5 → 13.5÷3
⑦	16.5 → 5.5×3	5.5

⑧, ⑨번 원판을 각각 바닥에 수직으로 세운 채로 앞으로 5바퀴씩 굴렸습니다. 두 원판이 굴러간 거리의 차를 구해 보세요. (원주율: 3)

 6 cm   6.5 cm

• ⑧번 원판이 1바퀴 굴러간 거리: **18** cm → 6×3

• ⑧번 원판이 5바퀴 굴러간 거리: **90** cm →18×5

• ⑨번 원판이 1바퀴 굴러간 거리: **19.5** cm → 6.5×3

• ⑨번 원판이 5바퀴 굴러간 거리: **97.5** cm →19.5×5

→ 두 원판이 굴러간 거리의 차: **7.5** cm → 97.5−90

원판이 1바퀴 굴러간 거리는
원판의 원주와 같습니다.

정답 ○ 100쪽

78 하노이탑 퍼즐

08 원주와 원주율 79

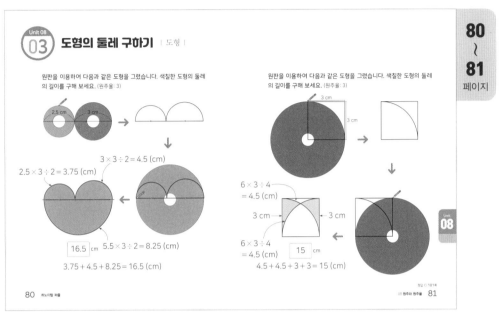

Unit 08
03 도형의 둘레 구하기 | 도형 |

원판을 이용하여 다음과 같은 도형을 그렸습니다. 색칠한 도형의 둘레의 길이를 구해 보세요. (원주율: 3)

2.5 cm 3 cm

$3 \times 3 \div 2 = 4.5 \text{ (cm)}$

$2.5 \times 3 \div 2 = 3.75 \text{ (cm)}$

16.5 cm $5.5 \times 3 \div 2 = 8.25 \text{ (cm)}$

$3.75 + 4.5 + 8.25 = 16.5 \text{ (cm)}$

원판을 이용하여 다음과 같은 도형을 그렸습니다. 색칠한 도형의 둘레의 길이를 구해 보세요. (원주율: 3)

3 cm

3 cm

$6 \times 3 \div 4 = 4.5 \text{ (cm)}$

3 cm

3 cm

$6 \times 3 \div 4 = 4.5 \text{ (cm)}$

15 cm

$4.5 + 4.5 + 3 + 3 = 15 \text{ (cm)}$

80 하노이탑 퍼즐

정답 ○ 101쪽
08 원주와 원주율 81

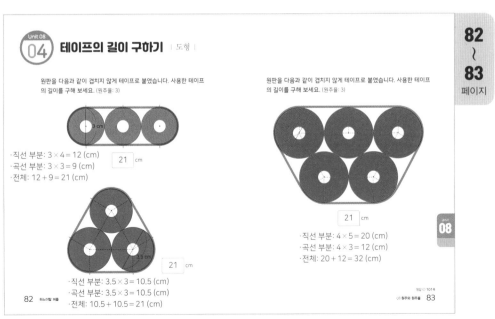

Unit 08
04 테이프의 길이 구하기 | 도형 |

원판을 다음과 같이 겹치지 않게 테이프로 붙였습니다. 사용한 테이프의 길이를 구해 보세요. (원주율: 3)

3 cm

21 cm

· 직선 부분: $3 \times 4 = 12 \text{ (cm)}$
· 곡선 부분: $3 \times 3 = 9 \text{ (cm)}$
· 전체: $12 + 9 = 21 \text{ (cm)}$

3.5 cm

21 cm

· 직선 부분: $3.5 \times 3 = 10.5 \text{ (cm)}$
· 곡선 부분: $3.5 \times 3 = 10.5 \text{ (cm)}$
· 전체: $10.5 + 10.5 = 21 \text{ (cm)}$

원판을 다음과 같이 겹치지 않게 테이프로 붙였습니다. 사용한 테이프의 길이를 구해 보세요. (원주율: 3)

21 cm

· 직선 부분: $4 \times 5 = 20 \text{ (cm)}$
· 곡선 부분: $4 \times 3 = 12 \text{ (cm)}$
· 전체: $20 + 12 = 32 \text{ (cm)}$

82 하노이탑 퍼즐

정답 ○ 101쪽
08 원주와 원주율 83

정답 **101**

길이 비교하기

※ 막대를 가위로 오려 길이를 비교해 보세요.

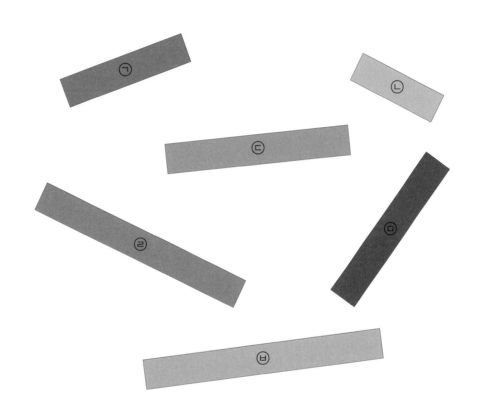

자

※ 자를 가위로 오려 사용하세요.

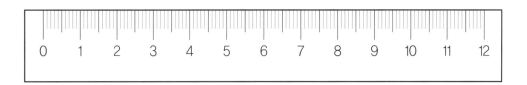

자를 이용하여 길이 재는 방법

방법 1

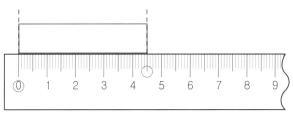

① 막대의 한 쪽 끝을 자의 눈금 0에 맞춥니다.

② 막대의 다른 쪽 끝에 있는 자의 눈금을 읽습니다.

→ 막대의 길이는 4.5 cm입니다.

방법 2

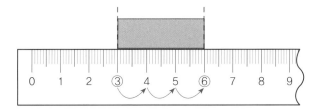

① 막대의 한 쪽 끝을 자의 한 눈금에 맞춥니다.

② 눈금에서 다른 쪽 끝까지 1 cm가 몇 번 들어가는지 셉니다.

→ 막대의 길이는 3 cm입니다.

좋은 책을 만드는 길, 독자님과 함께 하겠습니다.

안쌤의 사고력 수학 퍼즐 하노이탑 퍼즐 <초등>

초 판 발 행	2023년 11월 10일 (인쇄 2023년 09월 20일)
발 행 인	박영일
책 임 편 집	이해욱
편 저	안쌤 영재교육연구소
편 집 진 행	이미림
표지디자인	조혜령
편집디자인	홍영란
발 행 처	(주)시대교육
공 급 처	(주)시대고시기획
출 판 등 록	제10-1521호
주 소	서울시 마포구 큰우물로 75 [도화동 538 성지 B/D] 9F
전 화	1600-3600
팩 스	02-701-8823
홈 페 이 지	www.sdedu.co.kr

I S B N	979-11-383-5995-5 (63410)
정 가	12,000원

영재교육의 모든 것!
SD에듀가 상위 1%의 학생이 되는
기적을 이루어 드립니다.

안쌤 **안재범** 수달쌤 **이상호** 수박쌤 **박기훈**

─ 영재교육 프로그램 ─

☑ **창의사고력 대비반** ☑ **영재성검사 모의고사반** ☑ **면접 대비반** ☑ **과고·영재고 합격완성반**

─ 수강생을 위한 프리미엄 학습 지원 혜택 ─

영재맞춤형
최신 강의 제공

영재로 가는 필독서
최신 교재 제공

핵심만 담은
최적의 커리큘럼

PC + 모바일
무제한 반복 수강

스트리밍 & 다운로드
모바일 강의 제공

쉽고 빠른 피드백
카카오톡 실시간 상담

SD에듀 **안쌤 영재교육연구소** | www.sdedu.co.kr

SD에듀가 준비한 특별한 학생을 위한, 최상의 학습 시리즈

(1) 안쌤의 사고력 수학 퍼즐 시리즈
- 14가지 교구를 활용한 퍼즐 형태의 신개념 학습서
- 집중력, 두뇌 회전력, 수학 사고력 동시 향상

(2) 안쌤의 STEAM + 창의사고력
수학 100제, 과학 100제 시리즈
- 영재교육원 기출문제
- 창의사고력 실력다지기 100제
- 초등 1~6학년

(8) 안쌤과 함께하는 영재교육원 면접 특강
- 영재교육원 면접의 이해와 전략
- 각 분야별 면접 문항
- 영재교육 전문가들의 연습문제

(7) 스스로 평가하고 준비하는 대학부설 · 교육청 영재교육원 봉투모의고사 시리즈
- 영재교육원 집중 대비 · 실전 모의고사 3회분
- 면접 가이드 수록
- 초등 3~6학년, 중등

※도서의 이미지와 구성은 변경될 수 있습니다.

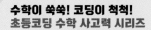

수학이 쑥쑥! 코딩이 척척!
초등코딩 수학 사고력 시리즈

3
- 초등 SW 교육과정 완벽 반영
- 수학을 기반으로 한 SW 융합 학습서
- 초등 컴퓨팅 사고력+수학 사고력 동시 향상
- 초등 1~6학년, 영재교육원 대비

4

안쌤의 수·과학 융합 특강
- 초등 교과와 연계된 24가지 주제 수록
- 수학사고력+과학탐구력+융합사고력 동시 향상

5

안쌤의 신박한 과학 탐구보고서 시리즈
- 모든 실험 영상 QR 수록
- 한 가지 주제에 대한 다양한 탐구보고서

영재성검사 창의적 문제해결력
모의고사 시리즈

6
- 영재교육원 기출문제
- 영재성검사 모의고사 4회분
- 초등 3~6학년, 중등

SD에듀만의 영재교육원 면접
SOLUTION

영재교육원 AI 면접 온라인 프로그램 무료 체험 쿠폰

도서를 구매한 분들께 드리는
특별한 혜택

01 도서의 쿠폰번호를 확인합니다.

02 WIN시대로[https://www.winsidaero.com]에 접속합니다.

03 홈페이지 오른쪽 상단 영재교육원 **AI 면접 배너**를 클릭합니다.

04 회원가입 후 로그인하여 [**쿠폰 등록**]을 클릭합니다.

05 쿠폰번호를 정확히 입력합니다.

06 쿠폰 등록을 완료한 후, [**주문 내역**]에서 이용권을 사용하여 면접을 실시합니다.

※ 무료쿠폰으로 응시한 면접에는 별도의 리포트가 제공되지 않습니다.

영재교육원 AI 면접 온라인 프로그램

01 WIN시대로[https://www.winsidaero.com]에 접속합니다.

02 홈페이지 오른쪽 상단 영재교육원 **AI 면접 배너**를 클릭합니다.

03 회원가입 후 로그인하여 [**상품 목록**]을 클릭합니다.

04 학습자에게 꼭 맞는 다양한 상품을 확인할 수 있습니다.

KakaoTalk 안쌤 영재교육연구소

안쌤 영재교육연구소에서 준비한 더 많은 면접 대비 상품
(동영상 강의 & 1:1 면접 온라인 컨설팅)을 만나고 싶다면
안쌤 영재교육연구소 카카오톡에 상담해 보세요.